宇宙第一喵星人
星空導覽

A CAT'S GUIDE TO THE NIGHT SKY

國家圖書館出版品預行編目資料

宇宙第一喵星人星空導覽／
史都華·艾特金森(Stuart Atkinson) 文；
布蘭登·吉爾尼(Brendan Kearny) 圖；王心瑩譯
-- 初版. -- 新北市：字畝文化, 2020.08
72 面；22.5×29公分. --
譯自：A cat's guide to the night sky
ISBN 978-986-5505-25-7（精裝）

1.天文學　2.通俗作品

320　　　　　　　　　　　　　　109008158

Exploring 001

宇宙第一喵星人星空導覽
A CAT'S GUIDE TO THE NIGHT SKY

文｜史都華·艾特金森 Stuart Atkinson
圖｜布蘭登·基爾尼 Brendan Kearney
譯｜王心瑩

字畝文化創意有限公司
社長兼總編輯｜馮季眉
責任編輯｜戴鈺娟
編　　輯｜陳心方、巫佳蓮
美術設計｜蕭雅慧

讀書共和國出版集團
社長｜郭重興　發行人｜曾大福
業務平臺總經理｜李雪麗　業務平臺副總經理｜李復民
實體書店暨直營網路書店組｜林詩富、郭文弘、賴佩瑜、
　　　　　　　　　　　　　王文賓、周宥騰、范光杰
海外通路組｜張鑫峰、林裴瑤　特販組｜陳綺瑩、郭文龍
印務部｜江域平、黃禮賢、李孟儒

出版｜字畝文化創意有限公司
發行｜遠足文化事業股份有限公司
地址｜231新北市新店區民權路108-2號9樓
電話｜(02)2218-1417　傳真｜(02)8667-1065
客服信箱｜service@bookrep.com.tw
網路書店｜www.bookrep.com.tw
團體訂購請洽業務部 (02) 2218-1417 分機1124
法律顧問｜華洋法律事務所 蘇文生律師
印製｜凱林彩印股份有限公司

出版｜2020年8月　初版一刷　2023年4月　初版三刷
定價｜450元
書號｜XBER0001
Ｉ Ｓ Ｂ Ｎ｜978-986-5505-25-7（精裝）

特別聲明：有關本書中的言論內容，不代表本公司／出版集團之
立場與意見，文責由作者自行承擔。

宇宙第一喵星人 星空導覽

A CAT'S GUIDE TO THE NIGHT SKY

史都華‧艾特金森 Stuart Atkinson 文

布蘭登‧基爾尼 Brendan Kearney 圖

王心瑩 譯

目 錄

如何成為
觀星人

哈囉！我的名字是
菲莉瑟蒂（對，跟史上
第一隻上太空的Félicette
同名）。我是一隻愛看
星星的貓。你也想要
多多探索那個一直在你
頭頂上的星空嗎？那麼，讓我來
擔任你的嚮導，一起探索觀星的
神奇魅力！

做好準備

我敢打賭，你一定急著想出門開始觀星吧？不過呢，如果真的很想好好觀賞星空，有幾件事你得先了解一下喔。

你需要帶什麼？

最佳的觀星時機是冬季，因為這個時候太陽很晚升起、很早落下，這之間會有好幾個小時是黑夜。冬季的星空也會有最亮的星星。不過冬季的夜晚非常非常寒冷（即使是夏季的夜晚也可能會有點涼喔）。觀星時，你會在戶外停留幾個小時，而且過程中不太會走動，所以必須先確保自己帶的東西夠保暖。

以下是一些必備的物品：

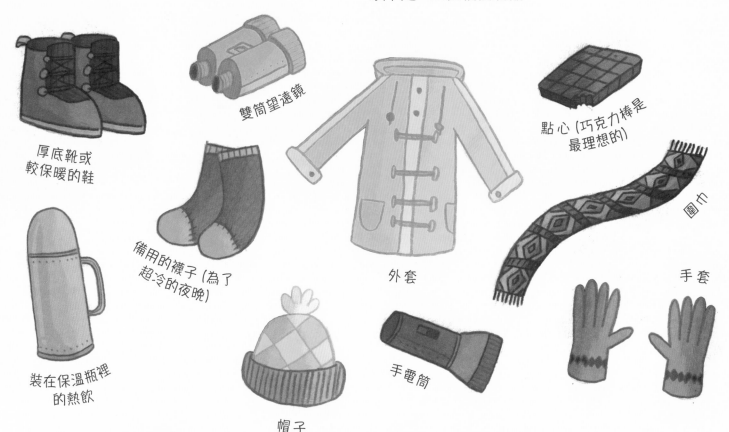

厚底靴或較保暖的鞋

雙筒望遠鏡

點心 (巧克力棒是最理想的)

備用的襪子 (為了超冷的夜晚)

外套

圍巾

裝在保溫瓶裡的熱飲

手電筒

手套

帽子

去哪裡觀星？

如果你住的地方到了晚上還是有很多燈光，那要觀星就很困難。所以，請在你家附近找個很暗的地點，例如：

★ 有很多樹木的公園，樹可以擋住路燈燈光。

★ 在城市邊緣的遊戲場或操場。

★ 你可以爬得上去、比燈光更高的山丘。

如果地點選得好，星空看起來會比你家門外暗得多，星星看起來會更亮、色彩更豐富、更閃耀，數量也更多。

找誰一起去？

因為你觀星的地方，可能不是明亮又安全的地點，所以必須更小心一點。這個時候應該要：

★ 找大人同行。

★ 攜帶手機。

★ 把你要去的地點、會待多久、幾點會回來這些資訊，告訴其他人。

現在你準備好了，令人興奮的探索冒險之旅就要開始啦！

星空裡的光源

城市的夜空

鄉村的夜空

光害

如果你住在鄉間，只要走出門外就能見到星星。不過呢，如果你像很多人一樣住在城市，就可能不曾好好看過星星。這是因為到了晚上，城市裡的房屋、工廠、辦公室、店鋪和街道會點亮大量燈光，這些燈光會讓天空彌漫著朦朧的橘色，也會掩蓋星光。一直以來研究星空的天文學家稱呼這種現象為「光害」。正因如此，想要觀星的話，你需要找到一個真正黑暗的地方，以免被燈光影響視野。找到適當的地方之後，你需要等待一陣子，讓眼睛適應夜空；半小時後，你一定會想：「沒想到竟然會看見這麼多星星！」

你會看見什麼呢？

等到眼睛適應了，你會看見什麼呢？要記住喔，恆星、行星甚至月球，跟我們的距離都非常遙遠。離我們最近的人造衛星，平均也都有400公里遠。距離如此遙遠，月球、行星、恆星和衛星看起來是什麼樣子呢？

月球是以肉眼能見最大的單一天體，而且它似乎會改變形狀：某天晚上，它可能是大大的滿月；過兩週之後，它又會變成細細的眉月。

月球

跟我們一樣屬於太陽系的行星，都與我們相距數百萬公里，因此看起來只是一些亮點，與星空裡其他數百萬個亮點好像差不多。不過呢，有個聰明的方法可以找出行星，我等一下會告訴你喔！

行星

星空中有數百萬個光點，這些就是恆星。如果想要好好觀察大多數的恆星，你會需要好的雙筒望遠鏡或天文望遠鏡；但就算只用肉眼看，你也可以看見好幾千顆恆星。

恆星

人造衛星

有時候可以看見一些光點，快速移動著穿越天空，這些數以千計、繞著地球運行的小小太空飛行器，就是人造衛星。

我們為何要觀察星空？

人們為何要在夜裡觀察星空？

天文學家運用大型的望遠鏡，探索我們的太陽系、星系和宇宙；而像我這樣的貓，或者像你這樣的人，同樣也會觀察星空，想要探究在我們的地球之外能看見什麼。有時候我看著星空，看著宇宙在我們周圍旋轉，就覺得好不可思議喔。

自古以來，人們一直觀察著星空

月球的位置，以及某些特定恆星或星群（稱為「星座」）的出現，經常會發生在一年特定的時間，因此，從古至今，農人透過觀察星空，就知道什麼時候要耕種，什麼時候要收割農作物。

在古代，星空若出現不尋常的景象，像是月球變成奇怪的顏色、出現彗星或流星等等，人們就會相信接下來會發生好事或壞事。事實上，古代的人們都期待當時的天文學家能解釋這類景象究竟會帶來的是好事或壞事。（如果說錯了，他們就會惹上很大的麻煩！）

星星不只會出現在特定的時間，也出現在星空的同一個地方。因此，船上的水手也總是把星星做為導航的輔助，特別是航行到看不見陸地的時候。

愛黛兒

紅髮愛德

馬拉拉

星星的名字，是什麼意思呢？

很多星星的名字，可以回溯到幾千年前，而且大多數都源自古希臘時代。對古希臘人來說，天空是天神、偉大的英雄和神話生物居住的地方。因此，如果星座的形狀讓他們聯想到某個天界的居民，那就會以他為那個星座命名。

現在我們可能會覺得這些星星和星座的名字好奇怪，但對古希臘人來說，這些名字對他們來說都很熟悉，就像我們知道的那些當紅明星一樣呢！

恆星是什麼？

所有的恆星都是高熱的氣體球，而且你知道嗎？觀看恆星的最佳時機，竟然是陽光普照的日子喔！

這是因為，其實我們的太陽就是一顆恆星啊！太陽是最靠近地球的恆星，也是因為這樣，太陽看起來比星空裡其他光點更大也更亮。太陽非常巨大：如果地球像是一顆豌豆，太陽就有一顆海灘球那麼大。太陽也超級火燙（中心溫度大約有攝氏1500萬度），才會閃耀得那麼明亮，而且就算你距離太陽有1億4000萬公里遠，也可能會晒傷喔。

白天的時候，太陽又亮又白，但是到了日落時分，太陽會變成橘色，然後變紅。這是因為我們和太陽之間隔著大氣層，才會讓太陽看起來好像會改變顏色。

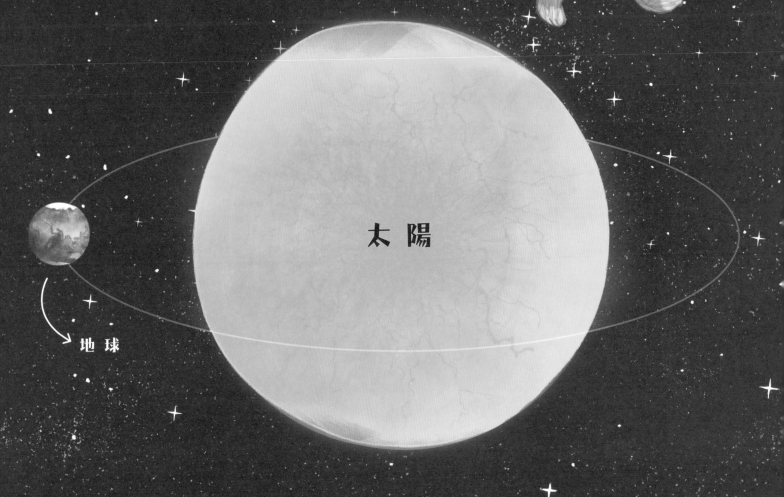

地球

太陽

白矮星
比太陽小83倍

紅矮星
比太陽小20倍

G型主序星
我們的太陽

橙巨星
比太陽大27倍

紅巨星
比太陽大47倍

藍超巨星
比太陽大84倍

恆星的顏色

雖然所有的恆星都是高熱的氣體球，但不是所有的恆星全都一模一樣喔：有些比較大，有些則比較小；有些比較熱，有些則比較冷。

如果把我們的太陽放到星空裡其他小光點的旁邊，你會發現我們的太陽並不是全宇宙最大的恆星，在銀河系裡也不是。

在星空裡，你會看見紅色、橙色、藍色和白色的恆星，這是因為恆星各有不同的溫度。最熱的恆星是白色和藍色，而最冷的是橙色和紅色。想像一下，有一塊金屬在火焰裡加熱，剛開始是暗紅色，接著變成橙色，然後變白，最後則是灼熱的藍色。恆星就像是這樣。這裡列出星空中的幾大類恆星，以及它們的相對大小。

紅特超巨星
比太陽大2000~3000倍

藍特超巨星
比太陽大327倍

白矮星
比太陽小83倍

紅矮星
比太陽小20倍

星空裡的圖形

很久很久以前，人們會把星星分布的模式當做地圖，指引他們的旅途方向。星星在星空裡構成一個個圖形，你也可以用同樣的圖形指引你的星空觀察之旅喔。

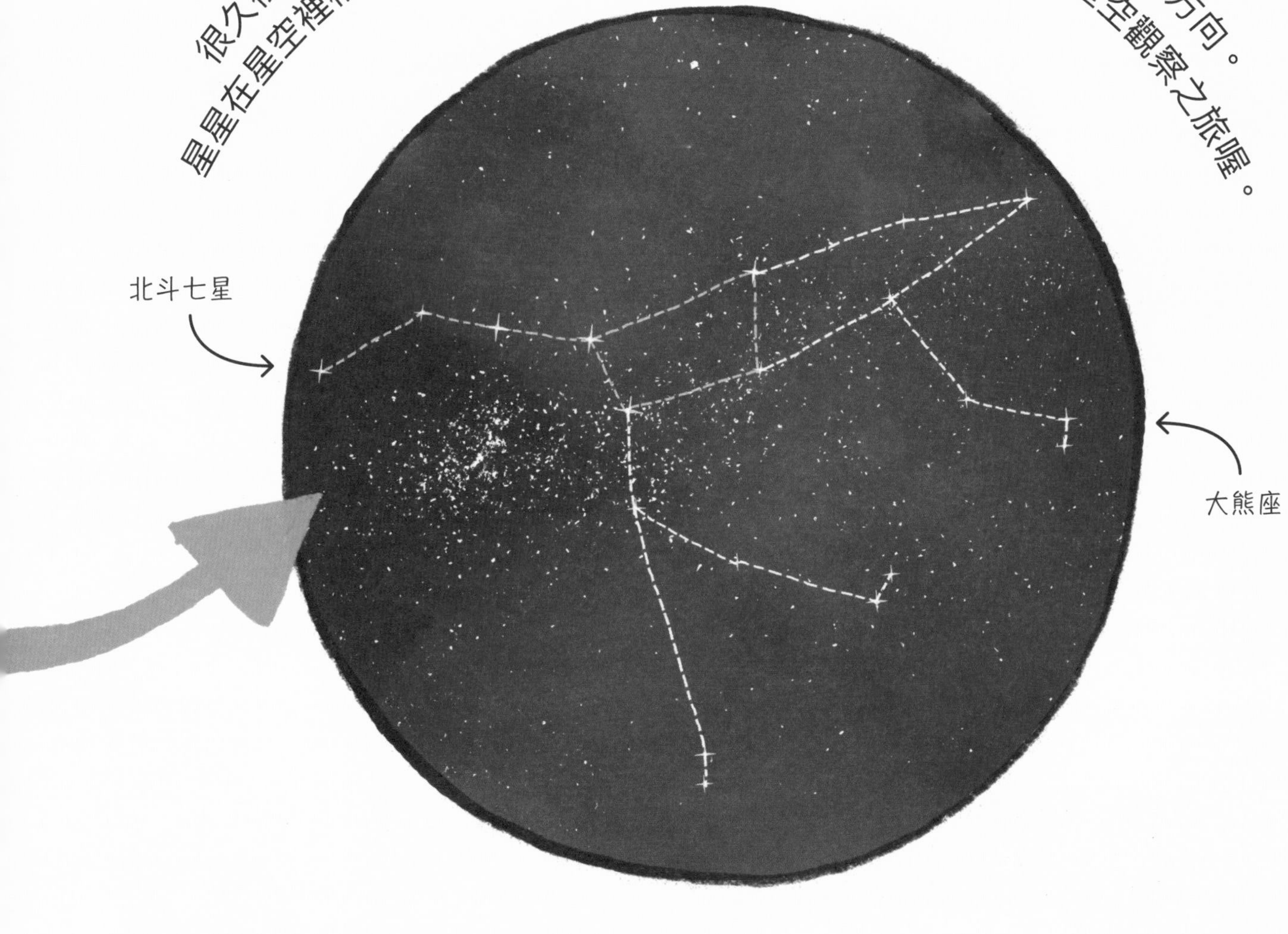

北斗七星

大熊座

讓我向你介紹兩個重要名詞

星座，是指星空裡的一個區域，那裡的星星看起來可以組合成某種圖案或形狀。

星群，是指在星座之內，某些吸引著你的目光、可以構成較小圖形的星星。這種圖形（星座）內的圖形，稱為「星群」。

北斗七星，如果你所在的位置緯度夠高，幾乎每個傍晚都會有個星群蹦出來，它就是北斗七星，有些人也把它稱為「耕犁」或「長柄平底鍋」。

這組星星包含七顆藍白色的恆星，是大熊星座的一部分。觀星人用它來「牽星」：先在星空找到北斗七星，再用它牽引找出其他星座。

舞動的星空

剛開始看著星空時，你會覺得星星好像都沒有在移動。但是隨著地球自轉，星星確實移動了，就好像它們跳起舞來。

你可能會覺得是星星移動了，但其實沒有；是地球自己正在移動！地球像是陀螺一樣旋轉著，這也是為什麼每天太陽看似從東邊升起，越過整個天空，然後又從西邊落下，讓我們有白天也有黑夜。地球的自轉，也讓星星跟著旋轉。傍晚一開始，它們出現在某個地方；到了破曉時分，它們已經移動到星空的另一地方去了。

你不妨試試看，在樹梢或山頂上方挑選一顆星星，過一陣子再看它，就會發現它以某種方式移動了位置，可能爬得比較高、落得比較低，或甚至掉到地平線以下，完全消失了。

冬季夜晚
剛開始的
天空

冬季夜晚
結束時的
天空

史上最有名的星星

但有一顆星，卻似乎永遠不移動。地球沿著一條傾斜的軸線而自轉，軸線從北極連到南極，而那顆星看起來剛好都會出現在北極的上方。所以，它就像是陀螺正中央的那個突起，似乎永遠不會移動，而其他每顆星看似都繞著它旋轉。

它位於北極的上方，因此稱為「北極星」。對古代水手來說，它是最重要的星星之一，因為它永遠不移動，就像是他們在天上的船錨！北極星並非星空中最亮的星星，但也算相當亮了。（事實上它在亮度排行榜上是第50名。）

指極星

我們可以輕鬆的找到北極星，都要感謝北斗七星。在北斗七星的「斗勺」部位，距離斗柄最遠的兩顆星星，它們直接指向北極星，因此稱為「指極星」。

17

每個季節的
星空

春季

四季都有迷人又漂亮
的星星可以看！

夏季

就像地球繞著
太陽轉，同樣的道理
也適用於我們太陽系其他的
行星。一年之中，行星會出現了
又消失，主要是由行星和地球位於
繞日軌道的哪個位置而定。

對星空研究了好一陣子之後，我才漸漸弄懂一件奇怪的事：
我看見的北斗七星，好像都固定繞著北極星轉動；至於其他
的星星和它們所屬的星座，我只能見到它們幾個月，然後它
們就消失了！

星星和它們所屬的星座會像這樣出現又消失，是因
為每個季節呈現的星空都不一樣。我們在
春季看見的星空，與後來在夏季、
秋季或冬季看見的星空，
不會完全一樣。

冬季

而且……

一年之中，地球沿著
軌道環繞太陽運行，
所以我們每個季節往
外看出去，看見的
都是宇宙的不同部
分。

位於地球「上方」的星星，像
是北極星，以及組成北斗七星
的那些星星，我們幾乎都可以
在固定的地方看見喔。

秋季

室女座

角宿一

天秤座

烏鴉座

春季的星空

春季的星空雖然沒有太多明亮的星星，但還是有很多星星可以觀察！

春季的星空裡有七個主要的星座：最先見到的會是獅子座。獅子是一種大貓，所以我特別喜愛這個星座。它的名字由來是希臘神話裡的一頭獅子，牠曾經與英雄海克力士戰鬥，但最後被海克力士殺了。長蛇座和巨蟹座也都曾經敗在海克力士的手上，成了鬱鬱寡歡的犧牲者。室女座則與希臘的收穫女神有關。其他較小的星座還有烏鴉座、天秤座和巨爵座，它們也都是由希臘人命名的，因為希臘人覺得它們的形狀跟這些動物很像。而春季的星空能看見的不只這些喔！

鐮刀

獅子座

巨蟹座

軒轅十四

一些星系

巨爵座

長蛇座

春季的星空 同場加映

★ 在春季，我們有很多星系可以觀察，特別是在獅子座裡面，以及室女座的下方。不過這些星系非常遙遠，你需要用到雙筒望遠鏡或是小型的天文望遠鏡，才能好好觀察喔。

★ 專屬於春季的閃耀之星有：獅子座的軒轅十四，以及室女座的角宿一。

請翻到下一頁，認識春季星空的各個星座！

獅子座 (Leo)
拉丁文字義是獅子

獅子座是春天的星空中最容易找到的星座，因為你可以先找到月球穿越天空的路徑，而獅子座就位於那條路徑上。

獅子座其實是由兩個形狀組合起來的：一個是三角形，另一個是前後翻轉的問號，它們組合在一起，真的就像是一隻躺下來的貓呢。問號的部分，更常有人把它描述成「鐮刀」，因為看起來很像是農夫用來割下農作物的工具。獅子座裡最亮的星星是軒轅十四，位於鐮刀握把的末端。

希臘神話裡的海德拉是一尾可怕的巨蛇，也是希臘女神希拉的寵物。希拉派海德拉去殺死海克力士，結果反倒是海克力士殺了海德拉。長蛇座是星空中最大的星座，由一些黯淡的星星組成一條漫長曲折的線條，所以不太容易看得見。長蛇座從巨蟹座的下方開始，一路延伸到烏鴉座和巨爵座的下方。

長蛇座 (Hydra)
水蛇海德拉的名字

巨蟹座的名字源自希臘神話裡一隻巨大的螃蟹，牠也是希拉的寵物。傳說她曾派這隻螃蟹去幫助水蛇海德拉，不過海克力士很快就把這可憐的螃蟹也解決掉了，還一腳把牠端上天空呢！

要找到巨蟹座，最好的方法是去找獅子座外面的一團模糊星光。那是M44，蜂巢星團，它就位於巨蟹座中間。透過雙筒望遠鏡，你會看見蜂巢星團是由數十顆星星所組成，很像一群蜜蜂。巨蟹座的其他部分則是上下顛倒的Y字形，都是相對黯淡的星星。

巨蟹座 (Cancer)
拉丁文字義是螃蟹

室女座（Virgo）
拉丁文字義是在室女

室女座是星空中第二大的星座。大家常把它想像成一名漂亮的女性，是掌管收穫的女神。不過如同我們在前面所見，它看起來比較像是側躺的火柴人。室女座有一顆很亮的星，角宿一，是很明顯的藍白色。它其實是兩顆星彼此旋繞，不過你需要全世界最強力的望遠鏡才看得出來。如果用一般的望遠鏡，則應該可以看出室女座下半部有很多的細小模糊光點，那些都是距離我們超級遙遠的星系。

天秤座（Libra）
拉丁文字義是天平

天秤座比起旁邊的室女座小很多，看起來很像測量用的老式天平。不過，我總覺得它看起來比較像火箭，或者是房子！

巨爵座是個小型星座，是希臘天神阿波羅的杯子。巨爵座很難觀察，因為它的組成星星非常黯淡。不過它永遠位於北半球的天空低處，緊貼著樹梢或建築物上方。巨爵座有點像是快要翻倒的老式酒杯，不過我覺得如果再多幾顆星，它看起來其實很像烏鴉座啊。

巨爵座（Crater）
拉丁文字義是杯子

星空裡有好多鳥類星座：有一隻鷹，一隻天鵝，還有在室女座角宿一右下方的烏鴉座。它們全都讓我覺得好餓喔。（貓就是喜歡抓小鳥來吃啊。）不過呢，烏鴉座這隻烏鴉看起來很奇怪，我覺得更像是壓扁的盒子……或許是因為烏鴉的頭被咬掉了？嗯，好吃！

烏鴉座（Corvus）
拉丁文字義是烏鴉

天津四

織女星

天琴座

天鵝座

銀河

牛郎星

人馬座

天鷹座

夏季的星空

夏季星空的星座又大又明顯,很容易用牽星法找到。

透過肉眼看,夏季星座比春季星座清楚明顯多了。只是,你必須等久一點才能看得見它們,因為夏季要到半夜才會真正變暗,而且這種暗度只會持續幾個小時。不過呢,如果不介意犧牲一點睡眠,你還是能夠享受一年之中最溫暖的觀星經驗,看見許多壯觀的星座和其他天文現象喔!

武仙座

蛇夫座

流星

尾(蛇夫座α星)

天蠍座

心宿二

夏季的星空 同場加映

★ 我們的星系，銀河系，在夏季可以看得最清楚。

★ 八月中旬會有很多流星。

★ 夏季大三角：由三顆非常亮的星星組成，它們分
　別屬於天鵝座、天鷹座和天琴座。

請翻到下一頁，
認識夏季星空的
各個星座！

天鵝座（Cygnus）
拉丁文字義是天鵝

天鵝座是夏季的代表星座，當夏日夜幕一降臨，它就會出現在我們頭頂上。如果星空真的很暗，你就可以把天鵝座比較黯淡的星星串連起來，形成一隻展翅的天鵝，看牠往下飛向銀河。尾部的末端是天鵝座最亮的星星天津四，它構成夏季大三角的其中一角（大三角的另外兩顆星位於天鷹座和天琴座）。天鵝座的北十字星（沒錯，因為它的形狀很像十字架！）裡，天津四也擔綱其中一角，其他則是由天鵝座另外的四顆主星所組成。在晴朗黑暗的夜晚，你會注意到天鵝的頸部側邊有一團明亮的斑點，那是鬱金香星雲，裡頭有數百萬顆遙遠的恆星。透過雙筒望遠鏡觀察時，那個景象真是不可思議啊！

天鷹座很接近銀河，名字的由來是羅馬天神朱比特飼養的大鷹。如果你把天鷹座比較黯淡的星星串連起來，可以約略看出鷹的翅膀，不過我覺得看起來反而比較像風箏。天鷹座最亮的星星是牛郎星，在家喻戶曉的夏季大三角之中，它是三顆亮星的其中之一。

天琴座（Lyra）
拉丁文字義是里拉琴

這個小巧的迷你星座，代表的是傳說中希臘詩人奧菲斯彈奏的里拉琴（一種撥弦樂器）。以前的星圖經常畫成一隻鷹拿著這把琴。不過，你通常只會看見天琴座最亮的那顆星，也就是閃耀著漂亮藍色的織女星，以及它下方一群較黯淡的星星。織女星也是夏季大三角裡其中一顆亮星喔。

天鷹座（Aquila）
拉丁文字義是鷹

人馬座（Sagittarius）
拉丁文字義是弓箭射手

人馬座會出現在夏季夜空的南方低處，不過要在星空很暗，而且地勢很低的地方才看得見。它的名稱源自一位弓箭射手，但不是人類的射手，而是名叫「奇戎」，半人半馬的神話生物。而就像星空中的很多生物一樣，可憐的奇戎也曾遭受海克力士的攻擊。

人馬座還有個綽號叫做「茶壺」，因為它看起來有點像向右傾斜，準備要倒茶的茶壺。人馬座裡也有好幾個有趣的模糊光斑，記得把你的望遠鏡拿起來，在附近掃動一下，可能就能見到一些斑點狀的星團或朦朧的星雲喔。（星雲是一團發亮的氣體塵埃雲，是星星誕生的地方。）

武仙座（Hercules）
英雄海克力士的名字

要說星空中的超級英雄，那當然就是海克力士啦！他曾打敗星空中的很多生物而名留青史，可是他的星座其實很小又有點無聊。最有趣的特點是小巧漂亮的武仙座球狀星團，又稱「M13」。M13看起來宛如黯淡的小星星，但透過望遠鏡可看得出是由數千顆星星聚集成的球狀星團。

在古希臘時代，蛇夫是指捧蛇的人。但我認識的人裡都沒見過有人捧著蛇耶，而且我覺得它還比較像是小孩子畫的房子。蛇夫座位於銀河的外側，最有趣的是蛇夫座最亮的星星「候」，正好位於房子屋頂的頂端（或是蛇夫眼睛的部位）。

蛇夫座（Ophiuchus）
拉丁文字義是捧著蛇的人

蛇夫座的候右邊躺著天蠍座，這個星座的名字由來是希臘神話裡，殺死獵人奧利安的蠍子。天蠍座真的很像一隻蠍子舉起尾部的尖刺，但在赤道以北的地區，你只會看見天蠍座的頭和鉗足，因為地平線擋住了其他部分。不過天蠍座還是值得觀察的，因為它最亮的星星，心宿二，閃耀著非常漂亮的橘紅色。

天蠍座（Scorpius）
拉丁文字義是蠍子

銀 河

銀河是星空中最漂亮的景象，
而夏季是一年之中觀賞銀河的
最佳時機。

銀河是我們的太陽所屬的星系。我們位於這個星系一條螺旋臂的遙遠末端，所以到了夏季，地球環繞太陽所到達的位置，可以讓我們回頭看見銀河系的主要部分。

你會看見一條帶狀物，其中有數百萬顆星星聚集得很緊密，看似融成一條長長的星雲。以前的人認為它看起來很像牛奶灑過天空留下的痕跡，所以英文才會叫「Milky Way」（字意是「牛奶之路」）。剛開始，你可能會覺得銀河是一長條朦朧的軌跡，幾乎把星空切成了兩半。隨著眼睛逐漸適應黑暗（稱為「暗適應」），你會觀察到一些比較亮的區域聚集了密密麻麻的星星，也有一些比較昏暗的區域，那是因為有塵埃雲擋住星光。而如果是在南半球，則可以看見銀河的中央。那非常明亮，你甚至可以用銀河的光讀書呢！

這是從銀河系外面觀看它的樣子。

我們的太陽！

照片中的銀河經常呈現壯麗的色彩：中心是燃燒般的橘黃色，和呈現藍色和紅色的星團與星雲。不過若用肉眼看，即使有雙筒望遠鏡或天文望遠鏡，你的眼睛還是不夠靈敏，無法見到那些色彩。

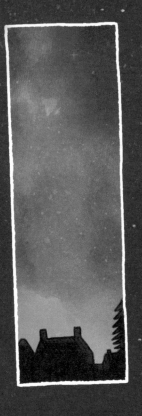

只要想到這些光點全是遙遠的恆星，而且很多恆星又都有自己的行星，就讓我忍不住好奇⋯⋯
有沒有任何人，或者任何事物，此刻也正望著我呢？

銀河裡大部分的星星都很黯淡，所以只要有光害，或是當天的月球又大又亮，就會蓋過那些星星的亮光，於是只能看見朦朧的藍灰色星雲。

不過呢，如果你在黑暗的星空裡觀察銀河，並使用雙筒望遠鏡，你會看見數千顆星星，很像灑在黑紙上面的鹽粒。別在意叫不出星星的名字，好好享受這些星光吧！

秋季的星空

秋季開始的時候，像我這樣的觀星貓就會想熱烈慶祝一番，因為接下來夜晚會愈來愈長，半夜更是滿天星斗！

秋季的主要星座包括：大熊座、小熊座、飛馬座、仙后座、英仙座、仙女座和三角座，這些都是聚集很多亮星的大型星座，很容易就能認出來。大熊座和小熊座包含了星空中最有名的兩大焦點：北斗七星和北極星。此外，秋季星空裡很多星座的命名由來都是珀修斯的故事──他是偉大的希臘英雄，曾經騎著飛馬沛加索斯，從可怕的怪物手中救出美麗的安朵美達。

仙后座

飛馬座

仙女座

英仙座
雙星團

飛馬座
四邊形

三角座

英仙座

秋季的星空 同場加映

★ 飛馬座四邊形

★ 在秋季，我們用肉眼就能看見在仙女座中央的星系，
　但它其實距離我們有200萬光年那麼遠！

★ 使用雙筒望遠鏡或小型的天文望遠鏡觀察，可以在英仙
　座和仙后座之間找到一對星團，這兩堆看起來很像白糖
　的星團，稱做「雙星團」。

請翻到下一頁，
認識秋季星空的
各個星座！

英仙座（Perseus）
英雄珀修斯的名字

珀修斯是另一位希臘英雄。因為他實在太有名了，基本上秋季星空有一大部分是歌頌他的驚人冒險經歷。但我總覺得，英仙座看起來很像上下顛倒的Y字形，或一把剪刀。不過呢，如果你用比較傳統的方法把星星串連起來，約略可以畫出一名戰士的輪廓：他一隻手握著一把劍，另一隻手拎著醜陋怪物梅杜莎的頭顱。（梅杜莎是名女妖，只要看人一眼，就能讓他們變成石頭。）珀修斯還有一項著名事蹟：他曾經騎著飛馬沛加索斯，從另一個可怕怪物手中救出了安朵美達公主。

很多觀星人（包括像我這樣的觀星貓），都認為飛馬座是最棒的秋季星座！在希臘神話裡，沛加索斯是一匹與眾不同的馬：因為牠有翅膀！基本上，沛加索斯是珀修斯到處趴趴走的交通工具。只要稍微發揮一點想像力，你可以把這個星座的星星串連成一個有點像一匹馬上下顛倒，在空中飛翔的形狀。飛馬座最亮的四顆星可以組成一個星群，觀星人稱之為「飛馬座四邊形」。

飛馬座（Pegasus）
飛馬沛加索斯的名字

仙女座（Andromeda）
安朵美達公主的名字

可憐的安朵美達啊！她是一名漂亮的少女，她的父母卻用鎖鏈把她綑綁在岩石上，當做祭品要獻給飢餓的海怪。幸好，英雄珀修斯和他的飛馬沛加索斯剛好路過那裡才拯救了她。從星座的形狀來看，她只是從飛馬座延伸出來的兩條線，差不多在飛馬兩條後腿的位置。（也許那正是她逃離海怪的方法……死命抱住沛加索斯的馬腳？）

大熊座（Ursa Major）
拉丁文字義是大熊

小熊座（Ursa Minor）
拉丁文字義是小熊

高掛在北方星空的北斗七星，屬於大熊座的一部分，不過秋季才是觀賞它的最佳時機。天色變暗後，只要望向北方，由星星組成的大平底鍋就會出現在你前方，還有長長的鍋柄伸向左邊。（組成大熊頭部和四條腿的星星相當黯淡，要見到它們有點困難，除非你所處的環境非常暗。）

小熊座呈現的（不要太驚訝喔！）正是一隻小熊！它看起來很像縮小版的大熊座（只是沒有四條腿），也因此它最亮的幾顆星稱為「小北斗」。小熊座尾巴末端的星星，是整個星空最重要的一顆星，也就是北極星。

仙后座（Cassipeia）
皇后卡西歐佩亞的名字

在秋季傍晚的東方天空高處，你會看見一些星星組成一個W字形。這是仙后座，雖然只是小型的星座，但是非常吸睛喔。我們一整年都有機會見到仙后座，不過隨著地球運轉，它似乎也會跟著旋轉，於是到了冬季，仙后座看起來會比較像M字形。仙后座這個名稱的由來，是希臘神話一名驕傲的皇后，她說自己的女兒比眾神更美，結果遭到處罰，被扔進了天空！

三角座（Triangulum）
拉丁文字義是三角形

好令人驚訝啊！三角座只是由三顆星串連起來，構成的一個小小三角形。不過這個名稱的由來是建築師用來測量的三角尺，而不是你在學校音樂課演奏的三角鐵喔。

雙子座

小犬座

南河三

天狼星

大犬座

冬季的星空

許多觀星者認為，冬季的星空是一年中最精采的星空。請準備好把自己
包得像極地探險家一樣，盡情享受吧！

冬季氣候寒冷，也表示星空比一年的其他時候更乾淨、更清澈。也因為冬季的天色會提
早變暗，你就有更多（也比較早）的觀察時間。冬季裡有數量最多的亮星、最漂亮的星
團和星雲，還有精采的流星雨喔。

五車二
御夫座
昂宿星團
參宿四
獵戶座
畢宿星團
金牛座
雙子座
流星雨
獵戶座的腰帶
畢宿五
參宿七

冬季的星空 同場加映

★ 準備好在十二月中旬迎接雙子座流星雨，看流星從雙子座向外射出。

★ 用望遠鏡仔細觀察獵戶座的佩劍（掛在他的腰帶上），找出漂亮的獵戶座星雲。

請翻到下一頁，認識冬季星空的各個星座！

獵戶座（Orion）
獵人奧利安的名字

獵戶座名字的由來是希臘神話的一名獵人。你可以想像他帶著一對忠實的獵犬（大犬座和小犬座），正與巨大的公牛（金牛座）大戰一場。

在星空中，獵戶座肯定是僅次於北斗七星，第二有名的星星圖形。而且要看到它非常容易：只要找出排列成沙漏形狀的一群星星，而且中間有三顆藍色的星星構成短短一條線（獵戶座的腰帶），就能找到獵人的位置囉。獵戶座擁有冬季星空最亮的兩顆星：左上方橘色的參宿四，以及右下方淺藍色的參宿七。再試試看找到獵戶座腰帶的左側，有三顆黯淡的星星構成一條更短的線，掛在腰帶上——那就是他的佩劍。

大犬座（Canis Major）
拉丁文字義是大狗

人們通常把大犬座視為獵戶座的獵犬之一。（我們貓實在不喜歡獵犬。）也有人把它視為希臘神話裡冥界的三頭看門犬。然而，這個星座擁有全星空最亮的星，就是天狼星。要找到天狼星，可以用獵戶座的腰帶當做指引，朝著腰帶往下指的方向，就能找到天狼星。天狼星閃耀著燦爛星光，很像一顆星空裡的巨型鑽石——這是由於地球大氣層的空氣擾動所造成，使它的星光變得更加閃爍。

小犬座（Canis Minor）
拉丁文字義是小狗

這隻小狗，只有兩顆彼此很靠近的星，所以我就算看著牠，頸背的毛髮也不會緊張的豎起來！兩顆星星之中比較亮的一顆，稱為「南河三」，亦稱「小犬座α」。

在獵戶座的右上方，你會看見明顯的 V 字形星群。這個大型星團稱為「畢宿星團」，代表的是公牛用來攻擊獵人奧利安的尖銳牛角。其中一支牛角尖端的血紅色星星是畢宿五。公牛的肩膀上還有一小群藍色的星星，很像迷你的北斗七星，這是另一個星團，稱為「昴宿星團」，也叫做「七姊妹星團」。如果你的眼力夠好，會看見其中七顆最亮的星星；如果眼力沒那麼好，透過雙筒望遠鏡也看得見那七顆星，外加更多的數十顆星星喔。

金牛座（Taurus）
拉丁文字義是公牛

這個星座的由來是希臘神話裡的一位御夫，他發明了四匹馬車拉動的戰車。不過對我來說，它看起來其實很像大大的五角形，其中的一顆星是黃色的五車二，比其他四顆星亮得多。

御夫座（Auriga）
拉丁文字義是戰車的駕駛

雙子座（Gemini）
拉丁文字義是雙胞胎

發揮一點想像力，你就能看出有一對火柴人在冬季的獵戶座左上方，這就是雙子座。他們是希臘神話裡的一對雙胞胎：卡斯托爾和波魯克斯。你經常會看見我們太陽系的行星穿越雙子座所在的天空區域。

白羊座

雙魚座

寶瓶座

其他絕不能漏掉的星座

星空裡還有很多星座值得尋覓，而最佳的觀賞時機是在
夏季或秋季。

白羊座（Aries）：拉丁文字義是公綿羊

在希臘神話裡，英雄傑森發起了一場大膽的
任務：去偷取金羊毛！那兒可是有駭人的巨
龍在看守著呢。白羊座的星星構成曲折的線
條，可以想像成身上的金羊毛被偷走的公綿
羊。而且，有時候還會有明亮行星穿越白羊
座所在的天空區域。

雙魚座（Pisces）：拉丁文字義是魚

謝天謝地，我覺得雙魚座根本不像古希臘人
所說的兩條魚，否則一定會害我這隻餓貓大抓
狂！仙女座當中有幾顆相當亮的星星連在一
起，拖成一條長尾巴，沿著那裡繼續往下找，
你就會看見雙魚座那個不太對稱的大 V 字形，
那是由一些比較黯淡的星星所構成。雙魚座和
白羊座一樣，常有太陽系的行星「作客」，從
星座所在的地方穿越過去。

寶瓶座（Aquarius）：拉丁文字義是水瓶

這個星星的圖形，描繪的是個拿著水瓶的男孩，在奧林帕斯山服侍古希臘的眾神。不過呢，我寧可把這個星座想像成一顆洩氣的氣球，掛在一條細繩上。寶瓶座也與白羊座和雙魚座一樣，有時候會有行星的軌跡穿越所在的天空區域。

牧夫座（Bootes）：拉丁文字義是趕牛人

牧夫座就位於北斗七星附近，所以觀星人很喜歡沿著斗柄的曲線，找到牧夫座中最亮的星星：大角星。古時候的人，會把牧夫座想像成趕牛的男子、獵人，或是收穫女神的兒子。但是對我來說，這個三角形的星群很像拖著一條線的風箏，或者冰淇淋甜筒！

北冕座（Corona Borealis）：拉丁文字義是來自北方的冠冕

北冕座代表的是阿麗雅德妮公主的皇冠，她是克里特國王彌諾斯的女兒。北冕座很小，不過因為它的星星組成了一個半圓形的線條，因此很容易在星空中認出來，而且它很靠近武仙座。說來神奇，它真的很像是一頂鑲著寶石的冠冕掛在天上呢！

月球

你在星空看見的第一種天體，很可能就是月球。你知道嗎？月球，其實是一顆大大的岩石球體，而且不斷繞著地球運行喔。

月球的海 月球表面有一些比較暗的區域，稱為「海」，但是裡面沒有水，而是由冰凍岩漿構成的廣大平原。有些人認為，這些海讓月球看起來好像是一張臉孔。主要看你從地球的哪個區域觀察月球而定，如果從地球的其他區域看月球，海的形狀會變得很像兔子喔。

月球的坑

你看到月球上比較明亮的地點，稱為「坑」，是數十億年來隕石撞擊月球所產生。你甚至能看到一些坑延伸出明亮的線條，稱為「輻射紋」，是隕石撞擊後的碎片，飛濺出來而留在地上的痕跡，可能是由最近期、最巨大的隕石撞擊所造成的。如果能用雙筒望遠鏡或天文望遠鏡觀察，你就可以更仔細研究這些坑。

觀察月球

研究月球的最佳時機，是滿月前後的那幾天。運用雙筒望遠鏡或天文望遠鏡，你可以沿著太陽照亮和陰暗部分之間的晨昏線，看到月球的很多細節，像是可以從數十個坑看到它們的輻射紋，外加崎嶇的山脈和較小的海。

月球的月相

你有沒有注意過，月球每天是怎麼改變形狀的呢？這是因為我們所看見的月球形狀，主要是看月球表面反射了什麼樣的太陽光而定。

月球繞著地球轉，而地球繞著太陽轉，於是太陽光每天都會照在月球的不同部位，產生我們所認為的月相變化。

由於月相變化這麼有規律，古代人決定用月相來測量時間——我們最早期的曆法，就是根據月相變化而制定的。

現在我們則使用陽曆（根據的是地球環繞太陽的運動週期），不過仍有許多重要的事件是根據月相而定，例如農作物的收割期。

新月

所謂「新的」月球，其實只是一個黯淡的圓形掛在空中，因為這個時候月球完全沒有反射出太陽光。

漸圓的眉月

等到月球表面開始反射出光線，就進入月相的第二階段。之後每過一晚，彎彎的眉月就會變得愈來愈大。

上弦月

這是月相的第三階段，光線正好籠罩著半個月球。

漸圓的凸月

到了月相的第四階段，光線持續在月球表面延伸。凸月其實是指光線照亮月球的部分大於半圓，但是小於全圓的月相。

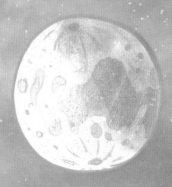

滿月

等到光線覆蓋月球表面的全圓部分，就進入了月相的第五階段：滿月。

漸虧的凸月

到了月相的第六階段，整個過程開始反向進行，月球表面反射的光線愈來愈少。

下弦月

進入月相的第七階段，光線再度達到月球的中間點。

漸虧的眉月

到了月相的第八階段，眉月再度出現，然後漸漸變細，直到完全消失，再次產生「新的」月球。

月球是如何誕生的？

你知道嗎？月球並不是一開始在那裡。45億年前的地球，和現在很不一樣喔，當時的地球還是「小嬰兒」，是一顆看起來坑坑疤疤的高熱岩石球體，有無數的岩石（或稱「流星」）從太空飛過來，猛力撞擊地球。

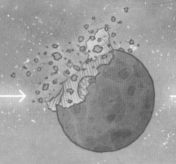

有一次，一顆特別大的隕石，也許有地球的一半大，突然出現了！

它撞上地球，碎裂成好幾億萬片，也對地球表面造成相當巨大的衝擊。

月食

地球環繞太陽運行，月球也環繞地球運行，所以有時這三者會全部排成一直線，而地球剛好位於中間。這種情況發生時，地球的影子會投射在月球表面，這種現象稱為「月食」。如果月球變得完全黑暗，稱為「月全食」；若只有部分變暗，則叫「月偏食」。

每一次月食都很不一樣。有時候地球的影子會讓月球看起來很像橘色的萬聖節南瓜，而有時候比較像是紅酒的顏色。

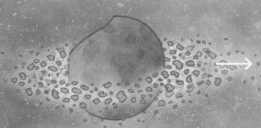

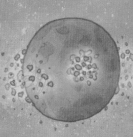

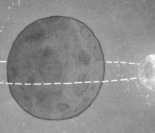

有幾百萬年的時間，小行星和地球產生的碎片一直漂浮在地球周圍。

過了好一段時間後，所有碎片聚集成環狀（很像環繞在土星周圍的環），繞著地球運行。

再過了幾百萬年，那道環圈的所有物質又開始形成單一的天體。不過這一次呢，天體在地球周圍維持穩定的軌道繞行著。

日食

偶爾呢，月球也會通過太陽和地球之間，擋住太陽，這稱為「日食」。出現這種狀況時，月球看起來很像黑色的圓盤，擋住太陽的閃耀光輝。

直視太陽太久會傷害你的眼睛，所以如果要觀察日食，你需要戴上特殊的護目鏡。天文學家也會幫望遠鏡裝上特殊的材質，保護他們的眼睛。日全食非常罕見，也真的很神奇。月球會慢慢移動，越過太陽表面，到最後完全消失，只留下一個黑洞，配上銀藍色的日冕。

這時，有些事物會變得很詭異：鳥類會以為黃昏到了，突然開始鳴叫；空氣感覺冷颼颼的，地上的影子也像漣漪一樣抖動。等經過幾分鐘後，太陽再度出現，萬物才終於恢復正常。

行星

太陽系的行星與我們的距離比其他恆星近多了，
不過還是非常遙遠喔。

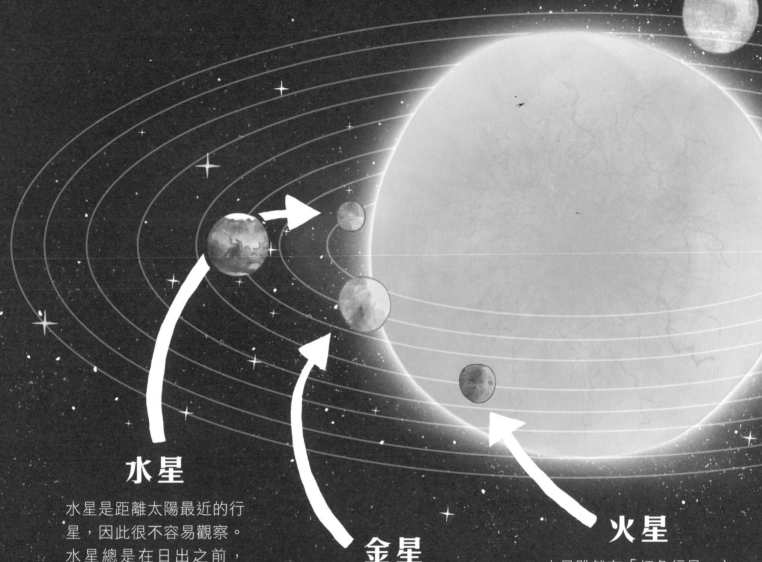

水星

水星是距離太陽最近的行星，因此很不容易觀察。水星總是在日出之前，現身於東方天空很低的地方，或者日落之後西方的天空。水星看起來就像一個銀色的光點。

金星

金星是最容易觀察的，因為它是最亮的行星。金星與太陽的距離比我們地球近，但是比水星遠。日出之前，可以看到金星出現好幾個小時（因此獲得了「晨星」之名），或者日落之後出現好幾個小時（所以也稱為「昏星」）。如果你待的地方真的很暗，金星最亮的時候，甚至可以讓你照出淡淡的影子喔。

火星

火星雖然有「紅色行星」之名，但它其實不是紅色的。番茄、櫻桃和草莓是紅色的，火星則比較偏……橘色！每隔兩年，火星最靠近地球的時候，看起來會特別亮，尤其位於天空高處的位置，甚至比其他會發亮的恆星更亮呢。

海王星

可惜海王星實在太遠也太黯淡，你真的需要天文望遠鏡才能看見它。而距離我們更遠的矮行星冥王星，更是需要大型的天文望遠鏡才行！

天王星

天王星距離太陽如此遙遠，要花84年才能繞行太陽一周。天王星夠大，用肉眼就看得見，不過你必須知道要在何處和何時觀看，而且星空要非常非常暗才行。從雙筒望遠鏡和天文望遠鏡可以看見它呈現淡綠色，不過用肉眼只能看到一個小小的白點。

土星

土星也很巨大，不過比木星小，距離也更遠，所以通常沒有那麼亮。在真正黑暗的夜晚，我們可以看見土星隱約呈現金黃色。

木星

木星是最大的行星（裡面可以塞一千多顆地球）。但因為它實在太遠了，看起來並沒有像金星或火星那麼亮。不過在木星很亮的時候，它會閃耀著藍白色的光。

透過雙筒望遠鏡，你也許看得見木星附近有些小小的「星星」，兩顆、三顆，有時候四顆。那其實是木星最大的四顆衛星，而木星總共有64顆衛星！隨著它們環繞木星運行，我們看到的數目也會改變。

哪些光點是行星？

如果星光一閃一閃的，那是恆星。如果星光很穩定，那可能就是行星喔！

行星是很小的圓盤狀，恆星則只是光點，而且我們與恆星之間的空氣擾動，會讓星光微微抖動（或者一閃一閃的）。如果你看見某顆亮星像飛機那樣移動，那可能是人造衛星（請見52和53頁），也有可能是高空中的飛機。

我第一次在空中看見行星時，並不知道那是行星。它比星空的其他星星更加明亮，但是沒有一閃一閃的，就像個燈籠一樣高掛天際。而那顆星實際上是金星。

它們算是星星嗎？

不，完全不是。

行星就像月球一樣，不會自己
發光，而是反射太陽光，而且反射光穿越了
數百萬公里的太空，讓我們可以看見它們。如果你
知道該在何時和何處觀察，那麼不必透過天文望遠鏡，就
能看見我們太陽系的很多行星，像是水星、金星、火星、
木星和土星；假設你的眼力真的很好，甚至還有可能見到
天王星喔。

你可以看見什麼呢？

你通常會看見某個行星單獨出現，但有時候也會見到某個行星碰上月球
或另一個行星，稱為「合」。

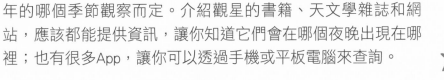

行星會出現在星空的不同區域，主要看你的所在位置以及在一
年的哪個季節觀察而定。介紹觀星的書籍、天文學雜誌和網
站，應該都能提供資訊，讓你知道它們會在哪個夜晚出現在哪
裡；也有很多App，讓你可以透過手機或平板電腦來查詢。

流星

有天晚上,星空突然劃過一道亮光,害我以為有星星從天上掉下來了!

那其實是流星。它們不是星星,而是太空塵埃的碎片,因為高速衝過地球的大氣層,摩擦力讓它們燃燒起來,而在空中創造出一道道亮光。流星可以非常黯淡也可以非常燦亮,但通常不到一秒就消失了。有些是藍色、綠色或金色,但大多數是淺藍色。
每當地球的繞日軌道穿越一道宛如河流的「太空塵埃」時,你就會見到大量的流星,天文學家稱之為「流星雨」。

每年大約有十多次流星雨,其中有幾次比較盛大壯觀。最精采的通常發生在八月中旬、十月底、十一月中旬和十二月中旬。

流星雨如何產生？

宛如河流的太空塵埃

火流星和隕石

偶爾，會有比較大的太空岩石碎片進入地球的大氣層。它們非常閃亮，移動得也比較慢，經常燃燒好幾次才消失，所以非常引人注目，這類情況稱為「火流星」。只有非常少數的流星會因為沒有燃燒完全，最後墜落到地面。它們常常像月球那麼亮，落下時發出的巨響，會害得窗戶跟著喀啦作響，我們全身骨頭也隨之震動。一旦落到地面上，就稱為「隕石」。

北極光

十月的一個晚上，我出去觀星好幾個小時。突然間，整個北方天空好像掛上了發著紅光的簾幕，激烈的飄蕩。

我看見的正是有名的北極光！北極光是因為太陽表面的風暴噴出氣體物質，向外射入太空而產生。這樣的太陽閃焰如果到達地球，就會與大氣層的氣體和地球磁場交互作用，促使氣體發出各種不同顏色和形狀的光芒，這時的景象便稱為「極光」。

最常見到北極光的時間是三月到四月，以及九月到十月。太陽每11年會變得非常活躍，於是北極光也會發生得更為頻繁。

捕捉極光

如果你住在北極或南極附近，你可能經常見到極光，因為那裡正好它是發生最密集的地方。不過，遠離了極地偶爾也看得見，從北半球的法國或美國的北部以南，到南半球的澳洲以北都有可能。不過能不能看到，完全是看地球受到太陽閃焰的衝擊有多猛烈而定。

如果你有機會看到極光，那麼剛開始可能會看見綠色的虹光，伴隨著向上射出的灰白色光束，忽明忽暗；而如果你真的很幸運，就可能看見明亮的紅光簾幕在空中舞動，前後蕩漾搖擺。

大型的太陽風暴隨時都可能發生。有很多人造衛星每天24小時觀察著太陽，一發生太陽風暴就能觀察到，並能在它到達地球幾天前警告我們。很多網站也會分享這類警告訊息，你也可以用手機或平板電腦下載App，提醒自己多注意。

星空裡移動的光點

在晴朗的夜晚，你可能會注意到空中有數十個光點，朝向四面八方移動。它們看起來很像脫離束縛的星星，隨意到處漫遊。

它們不是星星，也不是外星人的太空船正在偵查我們（應該不是吧）！它們是人造衛星。這些小型的太空飛行器，位於數百公里高處的地球軌道上，因為反射太陽光而閃閃發亮。

地球軌道上有很多人造衛星，執行著各式各樣的任務：

★ 汽車的衛星導航用它們來規畫路程。

★ 天氣預報利用它們拍攝的影像來預測天氣。

★ 行動電話透過它們通電話和傳簡訊。

國際太空站

你所能見到最亮的人造衛星是國際太空站。有許多不同國家的太空人在那裡居住好幾個月，一起訓練未來要飛向火星的方法、進行零重力的實驗，或者對著他們下方不斷轉動的地球拍攝照片。

但並不是每晚都能見到國際太空站，它常常來了又離去。根據你的所在地點，有些網站和App會提供看得到的日期和時間，也能讓你查到何時能看見其他較小的太空飛行器，其中有些載著貨物，還有一些載的是太空人，他們正要飛上國際太空站，或者返回地球。

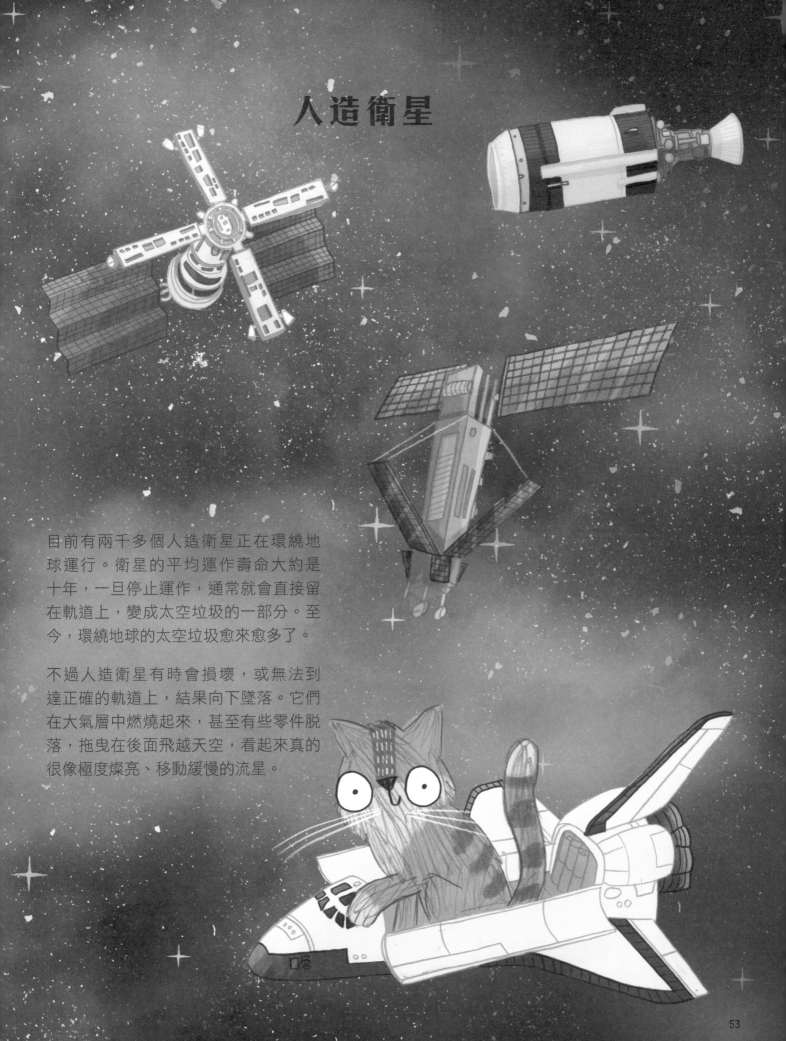

人造衛星

目前有兩千多個人造衛星正在環繞地球運行。衛星的平均運作壽命大約是十年，一旦停止運作，通常就會直接留在軌道上，變成太空垃圾的一部分。至今，環繞地球的太空垃圾愈來愈多了。

不過人造衛星有時會損壞，或無法到達正確的軌道上，結果向下墜落。它們在大氣層中燃燒起來，甚至有些零件脫落，拖曳在後面飛越天空，看起來真的很像極度燦亮、移動緩慢的流星。

模糊的光點

出門觀察星空時，你可能會注意到星空有些部分看起來，嗯……有點模糊。原因是因為那些天體都遠得要命，天文學家把它們稱為「深空天體」。不過也有很多像你一樣的觀星人，只稱之為「暗矇天體」。

如同字面上的意思，你沒辦法看到暗矇天體的很多細節，但是從照片看，它們真的很漂亮。那些照片通常是透過大型天文望遠鏡拍攝，然後用電腦後製處理，以突顯出其中的細節。暗矇天體很巨大，也比你平常看得到的星星遠得多，大部分都需要用雙筒望遠鏡或天文望遠鏡才看得見。

暗曚天體

通常可分為
這三大類：

1.星系

有些暗曚天體其實是位於我們附近的其他星系。用全世界最強力的天文望遠鏡來觀察，除了我們自己的星系以外，大約還有其他一千億個星系。而隨著天文望遠鏡的威力愈來愈強大，這個數字可能還會再增加喔！

2.星雲

有些暗曚天體是星雲，也就是巨大的氣體和塵埃雲，位於離我們超級遙遠的太空裡。有些星雲會發光是因為裡面藏了恆星，有些則是反射了附近恆星的光線，還有一些星雲會散發光芒，因為內部正在形成恆星。

3.星團

有些暗曚天體則是星團。大多數的恆星都是兩顆一組、三顆一組或聚集成一大群，所以稱為「星團」。舉例來說，「疏散星團」裡面包含了數十顆甚至數百顆恆星，全都是在同一時間、同一地點一起形成的；「球狀星團」則是由非常非常古老的恆星群，聚集成巨大的球狀，裡頭有高達數百萬顆恆星全部擠在一起，很像一群蜜蜂。不過這些星團實在太遙遠，你需要用雙筒望遠鏡或天文望遠鏡才看得見。

想更了解星空？

相信你已經很有概念了，知道可以在星空中見到什麼景象。你學會分辨行星和恆星，也知道如何找出自己最喜歡的星星和星座；你知道北極光看起來到底是什麼樣子，也知道怎麼找出人造衛星。不過呢，如果你想學到更多知識，還有其他很多好玩的方法，可以學到更多資訊喔！

電腦程式

你可以把免費的星象儀程式下載到自己的電腦裡，程式會幫你量身訂做星圖，顯示出你想觀星的日子可以看見哪些景象。

天文學雜誌

在你住的地方，應該可以找到一種以上的天文學月刊。這類月刊裡有很多星圖和資訊，指出你所在區域的天空有哪些星體。

星圖

星圖上畫有整個星空的詳細圖示，並標上所有恆星和星座，以及數百個星團、星雲和星系的位置。

天文App

如果你有手機或平板電腦，那麼可以多多利用天文App。有些會告知國際太空站何時穿越天際、何時是觀察流星雨的最佳時機，或何時能看見日食和月食。最棒的是，如果是星象儀類App，還可以自己選擇日期和時間，顯示出星空的樣貌。

感覺好興奮啊！獲得了這麼多知識，你就能夠抬頭好好的觀察星星，不再覺得它們只是空中的許多小點，而是你的朋友……你一輩子的好朋友！

出發吧！

現在你是個完全合格的觀星人了！

展開你的觀星探險之前，永遠記得先做好規畫喔。你要知道自己想去哪裡、準備跟誰一起去，以及打算尋找的目標。每天晚上的星空都能讓我們盡情探險，從人造衛星到流星，從北斗七星到銀河系，應有盡有。就讓星座當你的嚮導，帶你踏上觀星之旅吧！

名詞解釋

★ **星群**（ASTERISM）

星座內一群明顯易見的星星。

★ **天文學家**（ASTRONOMER）

研究太空的科學家。

★ **極光**（AURORA）

太陽閃焰和地球大氣層氣體之間的交互作用。北極光是最有名的極光。

★ **合**（CONJUNCTION）

兩個天體看似在星空中相遇。

★ **星座**（CONSTELLATION）

星空的一個區域，看似呈現出某種源自古代神話或傳說的人物、生物或物體，因而得名。

★ **坑**（CRATER）

隕石在月球表面造成的坑洞。

★ **暗適應**（DARK ADAPTAION）

你的眼睛適應星空的黑暗所需的時間。

★ **暗朦天體**（FAINT FUZZY）

看起來像模糊光點的遙遠天體。

★ **火流星**（FIREBALL）

一種非常燦亮的流星，以緩慢的速度越過星空，激烈燃燒之後便會消失不見。

★ **星系**（GALAXY）

由重力所維繫的廣大恆星系統（包含數十億顆恆星）。我們所處的星系是銀河系。

★ **國際太空站**（INTERNATIONAL SPACE STATION）

目前規模最大的人造衛星，也是各國太空人的活動中心。

★ **光害**（LIGHT POLLUTION）

來自人造環境的光線，常讓我們很難觀察星空。

★ **月食**（LUNAR ECLIPSE）

太陽、地球和月球排成一直線的時刻，這時地球的影子投射到月球上，讓月球像是被吃掉一樣。

★ **流星**（METEOR/SHOOTING STAR）

來自太空的小塊物質進入地球的大氣層常會開始燃燒，於是產生流星。流星有兩種：火流星和一般流星。

★ **流星雨**（METEOR SHOWER）

地球的軌道行經某顆彗星所留下的一長串太空岩石時，有些岩石會落入大氣層而燃燒起來，形成流星雨。

★ **隕石**（METEORITE）

流星在大氣層裡沒有燃燒完全，剩下的岩石或金屬（或是兩者的混合物）墜落到地球表面。

★ **星雲**（NEBULA）

一種巨大的氣體塵埃雲，位於遙遠的外太空。

★ 北極光（NORTHERN LIGHTS）

極光的一種。參見左頁「極光」的解釋。

★ 疏散星團（OPEN CLUSTER）

由數十顆甚至數百顆的恆星聚集而成。

★ 軌道（ORBIT）

行星或恆星的移動路徑。地球依循軌道環繞太陽，太陽也依循軌道環繞著星系。

★ 月相變化（PHASES OF THE MOON）

在一個月之間，月球會因為從不同角度反射太陽光，變化成不同的形狀（從眉月到滿月）。

★ 行星（PLANET）

一大塊的物質，因為受到自身重力的作用變成圓形，並且環繞一顆恆星運行。有八顆行星環繞著我們的太陽，地球正是其中之一。

★ 極軸（POLAR AXIS）

地球自轉所依循的軸線。

★ 衛星（SATELLITE）

環繞著一顆行星運行的所有天體。月球是地球最大的衛星，但還有很多更小的人造衛星環繞地球運行，像是國際太空站。

★ 日食（SOLAR ECLIPSE）

月球通過太陽和地球之間時，擋住太陽而形成日食。

★ 太空垃圾（SPACE JUNK）

指的是不再發揮功能，卻繼續留在地球軌道上的人造物體。

★ 太空岩石（SPACE ROCK）

通過大氣層而燃燒起來，形成流星的物體。

★ 星圖（STAR ATLAS）

星空版的地圖集，描繪出一整年的不同時間和在地球上的不同地點，所見到的星空景象。

★ 星團（STAR CLUSTER）

星系內的小群恆星，受到重力的束縛而彼此聚集在一起。

★ 牽星法（STAR HOPPING）

在星空先找到某個星群，再根據彼此的相對位置，找到另一個星群，並依此類推一直找下去的觀星方法。

★ 太陽／恆星（SUN/STAR）

巨大又高熱的氣體球。

★ 晨昏線（TERMINATOR）

在我們的太陽系裡，任何天體受到陽光照射的明亮部分和黑暗部分之間的那條界線。

索 引

獻 詞

首先，我要將這本書要獻給菲莉瑟蒂（Félicette），她是
1963年在巴黎街頭拾獲的街貓，成為史上第一隻上太空的貓。不知
為何，菲莉瑟蒂的故事遠不如萊卡的故事那麼知名。（萊卡是第一隻上太
空的狗。）最近一直有呼聲，要設立菲莉瑟蒂的紀念雕像，我也很希望這本
書的讀者能多花一點時間了解她。這本書裡的貓咪「菲莉瑟蒂」，正是以她命名的
……

其次，這本書要獻給佩姬，我們領養的一隻漂亮流浪貓，但我們已經向她
傷心道別了。佩姬的生命初期過得很悲慘，不過來到我們家之後變得很
快樂，她的生命充滿了愛。佩姬啟發了這本書的誕生，因為有天晚上，
我們在英國的基爾德星空露營場露營，我帶她去戶外，她抬起頭看著
星空，臉上充滿好奇的神色。於是我心想，說不定有很多貓會在晚上
抬頭看著星空，欣賞星空之美……

最後，這本書要獻給史黛拉。她在我眼裡的閃亮程度，遠超過天上所有星
星的總和。

也非常感謝唐納德、克洛伊、布蘭登、克萊兒，
以及勞倫斯金恩（Laurence King）出版社的每一個人。
有他們的努力，才能讓這本書有機會實現；
也要感謝永遠令人驚奇的「L」，有了他，這本書才得以完成。

史都華・艾特金森